上海市工程建设规范

预制装配式悬臂挡土墙技术标准

Technical standard of prefabricated cantilever retaining wall

DG/TJ 08—2389—2021
J 16086—2021

主编单位：上海市政工程设计研究总院（集团）有限公司
批准部门：上海市住房和城乡建设管理委员会
施行日期：2022 年 4 月 1 日

同济大学出版社

2023　上海

图书在版编目(CIP)数据

预制装配式悬臂挡土墙技术标准 / 上海市政工程设计研究总院(集团)有限公司主编. —上海：同济大学出版社，2023.4

ISBN 978-7-5765-0812-3

Ⅰ. ①预… Ⅱ. ①上… Ⅲ. ①预制结构-装配式构件-挡土墙-技术标准-上海 Ⅳ. ①TU3-65

中国国家版本馆 CIP 数据核字(2023)第 056065 号

预制装配式悬臂挡土墙技术标准

上海市政工程设计研究总院(集团)有限公司　**主编**

责任编辑　朱　勇
责任校对　徐春莲
封面设计　陈益平

出版发行　同济大学出版社　　www.tongjipress.com.cn
（地址：上海市四平路 1239 号　邮编：200092　电话：021-65985622）
经　　销　全国各地新华书店
印　　刷　浦江求真印务有限公司
开　　本　889mm×1194mm　1/32
印　　张　1.875
字　　数　50 000
版　　次　2023 年 4 月第 1 版
印　　次　2023 年 4 月第 1 次印刷
书　　号　ISBN 978-7-5765-0812-3
定　　价　20.00 元

上海市住房和城乡建设管理委员会文件

沪建标定〔2021〕696 号

上海市住房和城乡建设管理委员会
关于批准《预制装配式悬臂挡土墙技术标准》
为上海市工程建设规范的通知

各有关单位：

由上海市政工程设计研究总院（集团）有限公司主编的《预制装配式悬臂挡土墙技术标准》，经我委审核，现批准为上海市工程建设规范，统一编号为 DG/TJ 08—2389—2021，自 2022 年 4 月 1 日起实施。

本标准由上海市住房和城乡建设管理委员会负责管理，上海市政工程设计研究总院（集团）有限公司负责解释。

上海市住房和城乡建设管理委员会

2021 年 11 月 3 日

前　言

根据上海市住房和城乡建设管理委员会《关于印发〈2019 年上海市工程建设规范、建筑标准设计编制计划〉的通知》(沪建标定〔2018〕753 号)的要求，由上海市政工程设计研究总院(集团)有限公司会同有关单位共同编制本标准。

在编制过程中，编制组经过调查和专题研究，借鉴国内外先进的科研成果和实践经验，并在广泛征求意见的基础上反复修改，最终编制完成本标准。

本标准的主要内容有：总则；术语与符号；基本规定；总体设计；材料；结构设计；预制构件制作与运输；安装；质量检验及验收。

各单位及相关人员在执行本标准的过程中，请注意总结经验，积累材料，并将有关意见和建议反馈至上海市交通委员会(地址：上海市世博村路 300 号 1 号楼；邮编：200125；E-mail：shjtbiaozhun@126.com)，上海市政工程设计研究总院(集团)有限公司(地址：上海市中山北二路 901 号；邮编：200092；E-mail：huafeng@smedi.com)，或上海市建筑建材业市场管理总站(地址：上海市小木桥路 683 号；邮编：200032；E-mail：shgcbz@163.com)，以供今后修订时参考。

主 编 单 位：上海市政工程设计研究总院(集团)有限公司

参 编 单 位：建华建材(中国)有限公司

上海公路桥梁(集团)有限公司

上海市政工程设计有限公司

主要起草人：袁胜强　华　锋　金忠良　林景赐　赵　勇
沈　伟　赵伟华　张　俊　王会丽　于子晏
冯　宝　王　倩　姜　磊　罗　强

主要审查人：朱慧君　赵召胜　应　煜　徐桂平　严　军
钱劲松　李申杰

上海市建筑建材业市场管理总站

目 次

Contents

1 总 则

1.0.1 根据本市预制装配式技术发展的需要，为提高预制装配式悬臂挡土墙的设计、制作及施工的技术水平，保证预制装配式悬臂挡土墙工程安全、可靠、耐久，做到技术先进、经济合理，制定本标准。

1.0.2 本标准适用于新建和改建道路的预制装配式悬臂挡土墙设计、施工及质量检验。其他工程在技术条件相同的情况下也可适用。

1.0.3 预制装配式悬臂挡土墙除应符合本标准外，尚应符合国家、行业和本市现行有关标准的规定。

2 术语与符号

2.1 术 语

2.1.1 预制装配式悬臂挡土墙 prefabricated cantilever retaining wall

在专业预制厂(场)生产挡土墙的底板和立壁等构件,通过车辆运输至施工现场后,进行拼装成型的悬臂式挡土墙。

2.1.2 预制构件 precast concrete component

在专业预制厂(场)预先制作的混凝土构件,简称预制构件。

2.1.3 承插式连接 socket connection

预制立壁构件一端插入预制底板构件的承口内,并在缝隙内用填充材料密封的连接方式。

2.1.4 栓接式连接 bolted connection

通过将悬臂式挡土墙预制立壁构件预留孔洞的一端套入预制底板预埋螺栓,并锁紧的连接方式。

2.1.5 组合式连接 combined connection

采用两种及以上方式进行预制构件连接的连接形式。

2.2 符 号

2.2.1 材料性能

f'_{ck}——混凝土立方体抗压强度标准值;

f'_{tk}——混凝土立方体抗拉强度标准值;

R_k——抗力材料的强度标准值。

3 基本规定

3.0.1 预制装配式悬臂挡土墙适用于路肩墙，路堤墙和路堑墙在技术条件相同的情况下也可适用。

3.0.2 预制装配式悬臂挡土墙可按使用条件选用车行道侧悬臂挡土墙与慢行系统侧悬臂挡土墙。预制装配式悬臂挡土墙的连接方式可分为承插式连接、栓接式连接和组合式连接。

3.0.3 车行道侧预制装配式悬臂挡土墙应采用组合式连接，墙高不应超过 5.0 m。慢行系统侧预制装配式悬臂挡土墙宜采用承插式、栓接式或组合式连接。当采用承插式连接时，墙高不应超过 3.0 m；当采用其他方式连接时，墙高不宜超过 5.0 m。

3.0.4 底板的埋置深度应符合下列规定：

1 立壁高度不大于 1.5 m 的慢行系统侧预制装配式悬臂挡土墙，基础最小埋置深度不应小于 0.8 m；其他情况下的预制装配式悬臂挡土墙基础最小埋置深度不应小于 1.0 m。

2 受水流冲刷时，基底应置于局部冲刷线下 1.0 m。

3 位于纵向斜坡上的挡土墙，可分段设置台阶式基础。

3.0.5 预制构件尺寸及重量，应符合车辆运输、道路界限和构筑物限载的要求。

3.0.6 预制构件应采用标准化构造，适合工厂化制作，便于道路运输和现场安装。

3.0.7 预制构件的工厂化生产应建立完善的生产质量管理体系，设置产品标识，提高生产精度，保障产品质量。

3.0.8 施工单位应在施工前熟悉设计文件，进行施工调查及现场核对，并制定相关的技术方案和保障措施。

3.0.9 大规模施工前，宜选择有代表性的节段进行预制构件试安装，并应根据试安装结果及时调整施工工艺、完善施工方案。

4 总体设计

4.1 一般规定

4.1.1 预制装配式悬臂挡土墙的装配型式应根据道路平纵线形设计、所在地的地形、地质条件及道路周边情况等要求合理选用，确定挡土墙起讫点、分段位置、分段长度和高度，做到集约用地、简洁美观。

4.1.2 挡土墙地基承载力应满足结构受力要求。必要时，应对挡土墙地基进行处理。

4.2 总体布置

4.2.1 平面总体布置应依据道路挡土需要确定，挡土墙宜采用直线或折线布置。

4.2.2 挡土墙立面设计及墙高型号应根据预制装配工艺分段确定。不同高度挡土墙之间的衔接及设计墙顶与预制墙顶之间的高差，宜通过现浇压顶或现浇护栏方式找平。

4.2.3 挡土墙的布置应避免与道路管线、构筑物的位置冲突。

4.2.4 挡土墙分段长度不宜大于 10 m，分段间应设置沉降缝和伸缩缝。

4.3 结构构造

4.3.1 预制立壁的顶宽不宜小于 0.4 m，预制底板厚度不宜小于 0.4 m。挡土墙顶面应根据道路横断面布置以及交通安全设施设计的要求，设置车行道护栏或人行道护栏。

4.3.2 伸缩缝、沉降缝的设置应符合下列规定：

1 应根据构造特点设置容纳构件收缩、膨胀及适应不均匀沉降的变形缝构造。

2 沿墙长度方向在墙身断面变化处、与其他建筑物连接处应设置伸缩缝，在地形、地基变化处应设置沉降缝。

3 伸缩缝与沉降缝宜合并设置。

4.3.3 挡土墙与两端路基或者桥台的衔接方式应符合下列规定：

1 沿挡土墙墙端深入路堤内不应小于 0.75 m，可采用锥坡与路堤相连，垂直于路线方向的锥坡坡度应与路堤边坡一致。

2 顺路线方向的锥坡坡度不应陡于 1∶1.25。

4.3.4 排水构造的设置应符合下列规定：

1 预制立壁生产时应预设排水孔，排水孔应倾向墙外且坡度不小于 4%。

2 排水孔间距宜为 2.0 m～3.0 m，并宜与预制立壁分段模数相匹配。

3 最下层排水孔的底部应高出地面 0.3 m。

4 排水孔可采用预埋管型材料，进水口应设置反滤层，并宜采用透水土工布包裹。

5 墙背反滤层宜采用透水性的砂砾、碎石，含泥量应小于 5%，厚度不应小于 0.5 m。

4.3.5 挡土墙墙趾附近存在地表水源时，应采用地表排水、墙后填土区外设截水沟、填土表面设置隔水层、墙面涂防水层、排水沟防渗等隔水、排水措施，防止地表水渗入挡土墙的填料中。

5 材 料

5.1 混凝土

5.1.1 制作预制构件的混凝土所用的胶凝材料、骨料、外加剂等，应符合现行国家标准《通用硅酸盐水泥》GB 175、《建设用砂》GB/T 14684、《建设用卵石、碎石》GB/T 14685、《混凝土外加剂》GB 8076 等的规定。

5.1.2 混凝土配合比设计应符合现行行业标准《普通混凝土配合比设计规程》JGJ 55 的相关规定，并在材料试验的基础上经过计算、试配、调整后确定。

5.1.3 预制构件的混凝土强度等级不应小于 C40。

5.2 钢 筋

5.2.1 钢筋的力学性能指标、耐久性等应符合现行国家标准《混凝土结构设计规范》GB 50010 和《混凝土结构耐久性设计标准》GB/T 50476 的相关规定。

5.2.2 钢筋焊接网应符合现行行业标准《钢筋焊接网混凝土结构技术规程》JGJ 114 的相关规定。

5.2.3 钢筋宜采用自动化机械设备加工，并应符合现行国家标准《混凝土结构工程施工规范》GB 50666 的相关规定。

5.2.4 钢筋连接应符合现行国家标准《混凝土结构工程施工规范》GB 50666 的相关规定。

5.3 连接材料

5.3.1 连接采用的预埋螺栓应符合现行国家标准《钢结构设计标准》GB 50017 的相关规定，螺栓宜采用热浸镀锌等防腐措施进行处理，螺栓连接施工完成后应采用砂浆或混凝土封闭。

5.3.2 预埋钢板宜采用 Q355 钢，钢板应采取有效防腐措施，钢板的性能应符合现行国家标准《碳素结构钢和低合金结构钢热轧钢板和钢带》GB/T 3274 的规定。

5.3.3 受力预埋件的锚筋宜采用 HRB400 钢筋，不得采用冷加工钢筋。

5.3.4 挡土墙立壁与底板之间水平缝宜设置高强无收缩砂浆坐浆层，坐浆材料保水率不应小于 88%，凝结时间控制在 60 min～240 min，28 d 抗压强度不应小于 60 MPa，24 h 竖向膨胀率应控制在 0.02%～0.30%，氯离子含量不应大于 0.03%。

5.3.5 承插口缝隙、螺栓与预留孔洞之间缝隙宜采用高强无收缩砂浆或灌浆料填充密实，填充材料 28 d 抗压强度不应小于 60 MPa，24 h 竖向膨胀率应控制在 0.02%～0.10%。填充材料的其他性能指标还应符合现行国家标准《水泥基灌浆材料应用技术规范》GB/T 50448 的相关规定。

5.4 其他材料

5.4.1 预制构件的吊装构件应符合下列规定：

1 采用钢筋吊环时，吊环应采用 HPB300 钢筋或 Q235B 圆钢制作，其质量应符合现行国家标准《混凝土结构设计规范》GB 50010 的相关规定。

2 采用钢绞线吊环时，钢绞线质量应符合现行国家标准《预应力混凝土用钢绞线》GB/T 5224 的相关规定。

3 采用内埋式螺母、内埋式吊杆、内埋式吊耳等吊装时，内埋式螺母、内埋式吊杆、内埋式吊耳等及配套吊具的材质应根据相应的产品标准和应用技术规定选用。

5.4.2 挡土墙伸缩缝和沉降缝宽度宜取 20 mm～30 mm，缝内沿着墙内、外、顶三边填塞塑料泡沫板或其他有弹性的防水材料，塞入深度不应小于 0.15 m。

5.4.3 墙背填料应符合现行行业标准《公路路基设计规范》JTG D30 的相关规定。

6 结构设计

6.1 一般规定

6.1.1 预制装配式悬臂挡土墙结构设计，应采用以极限状态设计的分项系数法为主的设计方法，车辆荷载计算应采用附加强度法。挡土墙结构设计，应进行其承载能力极限状态计算和正常使用极限状态验算，以及挡土墙抗滑稳定、抗倾覆稳定和基底稳定性验算，并同时满足构造、工艺、运输、安装等方面的要求。

6.1.2 预制装配式悬臂挡土墙结构底板可简化为固支在墙体上的悬臂板，按受弯构件计算；立壁可按固支在底板上的悬臂板以受弯构件计算。

6.1.3 预制装配式悬臂挡土墙除应对立壁及底板的强度、整体稳定性、基础承载力等进行设计计算外，还应对连接构件进行计算分析。

6.1.4 挡土墙构件承载力极限状态设计可采用式(6.1.4-1)：

$$\gamma_0 S \leqslant R(\cdot) \tag{6.1.4-1}$$

$$R(\cdot)=R\left(\frac{R_k}{\gamma_f},\ \alpha_d\right) \tag{6.1.4-2}$$

式中：γ_0——结构重要性系数，按表 6.1.4 采用；

S——荷载效应的组合设计值；

$R(\cdot)$——挡土墙结构抗力函数；

R_k——抗力材料的强度标准值；

γ_f——结构材料、岩土性能的分项系数；

α_d——结构或结构构件几何参数的设计值,当无可靠数据时,可采用几何参数标准值。

表 6.1.4 结构重要性系数 γ_0

道路性质	道路等级	结构重要性系数
公路	高速公路、一级公路	1.00
	二级及以下公路	0.95
城市道路	快速路、主干路	1.00
	次干路、支路	1.00

6.2 作用及作用组合

6.2.1 预制装配式悬臂挡土墙结构设计的作用类型、作用效应组合等应符合现行行业标准《公路路基设计规范》JTG D30 的相关规定。

6.2.2 车辆荷载、人群荷载在预制装配式悬臂挡土墙墙背填土上所引起的附加土体侧压力和竖向压力,应按下列规定计算:

1 作用在挡土墙墙顶或墙后填土的车辆荷载取值:当墙高小于 2 m 时,取 20 kN/m^2;墙高 5 m 时,取 16.25 kN/m^2;墙高在 2 m～5 m 之间时,应按线性内插法取值。

2 作用在挡土墙墙顶或墙后填土的人群荷载强度,宜采用 3.0 kN/m^2;作用于挡土墙栏杆顶的水平推力,宜采用 0.75 kN/m;作用于栏杆扶手上的竖向力,宜采用 1.0 kN/m。

3 护栏自重按护栏形式、尺寸及材质,按每延米折算。

6.2.3 作用于挡土墙墙顶护栏上的车辆碰撞力,应依据道路线型、路侧危险度、运行速度、车辆构成等因素按照现行行业标准《公路交通安全设施设计细则》JTG/T D81 的相关规定选取。

6.3 预制构件设计

6.3.1 对持久设计状况，应对预制构件进行承载力、变形、裂缝控制验算。

6.3.2 对地震、车辆碰撞等偶然设计状况，应对预制构件进行承载力验算。

6.3.3 预制构件在脱模、吊运、运输、安装等环节的施工验算，应将预制构件自重乘以脱模吸附系数或动力系数作为等效荷载标准值，并应符合下列规定：

1 脱模吸附系数宜为1.5；对于复杂情况，脱模吸附系数宜根据工况确定。

2 构件吊运、运输时，动力系数宜为1.5；构件翻转及安装过程中就位、临时固定时，动力系数宜为1.2。

6.3.4 预制构件的施工验算应符合下列规定：

1 混凝土构件正截面边缘的混凝土法向压应力，应满足式(6.3.4-1)的要求：

$$\sigma_{cc} \leqslant 0.8 f'_{ck} \tag{6.3.4-1}$$

式中：σ_{cc}——各施工环节在荷载标准组合作用下产生的构件正截面边缘混凝土法向压应力(N/mm^2)，可按毛截面计算；

f'_{ck}——与各施工环节的混凝土立方体抗压强度相应的抗压强度标准值(N/mm^2)，按现行国家标准《混凝土结构设计规范》GB 50010相关规定取值。

2 混凝土构件正截面边缘的混凝土法向拉应力，宜满足式(6.3.4-2)的要求：

$$\sigma_{ct} \leqslant 1.0 f'_{tk} \tag{6.3.4-2}$$

式中：σ_{ct}——各施工环节在荷载标准组合作用下产生的构件正截面

面边缘混凝土法向拉应力（N/mm^2），可按毛截面计算；

f'_{tk}——与各施工环节的混凝土立方体抗压强度相应的抗拉强度标准值（N/mm^2），按现行国家标准《混凝土结构设计规范》GB 50010 相关规定取值。

6.3.5 预制构件中的预埋吊件及临时支撑应按现行国家标准《混凝土结构工程施工规范》GB 50666 的有关规定进行计算。

6.4 连接设计

6.4.1 承插口尺寸及附加钢筋、螺栓型号及间距、预留钢筋直径及数量等应建立计算模型，对各个工况进行分析后确定。

6.4.2 预制装配式悬臂挡土墙纵向连接设计应符合下列规定：

1 对于慢行系统侧挡土墙，可采用平缝、凹凸榫槽、预留钢件焊接等形式进行连接。

2 对于车行道侧挡土墙，宜采用预留后浇带、纵向预应力等形式进行连接。

6.4.3 对于车行道侧挡土墙纵向连接，除采用预留后浇带的形式连接外，其他连接方式应建立整体有限元模型对各个工况进行分析。

6.4.4 预制构件的粗糙面设置应符合下列规定：

1 承插式连接挡土墙的承口及插口接触面宜设置粗糙面。

2 栓接式连接挡土墙的立壁底部与对应底板连接部位均宜设置粗糙面。

3 纵向预留后浇带连接的挡土墙，宜在立壁、底板与现浇混凝土结合面设置粗糙面。

6.5 吊点设计

6.5.1 预制构件的吊点，可采用预埋钢筋吊环、预埋钢绞线吊环、预留吊装孔、预埋吊耳、内埋式螺母、内埋式吊杆等形式。

6.5.2 吊点设计除应进行吊件在拉拔、剪切和拉剪耦合三种受力状态下自身强度验算外，还应对预埋吊件的各种锚固破坏形态进行验算。

6.5.3 预埋钢筋吊环锚入预制构件中的深度不应小于 35 倍吊环直径，端部应做成 180°弯钩，且应与构件内钢筋焊接或绑扎。

6.5.4 预埋钢筋吊环应按两肢截面计算，吊环内直径不应小于 3 倍钢筋直径，且不应小于 60 mm。

6.5.5 钢绞线吊环宜伸出预制构件不小于 200 mm，伸出部分宜采用 2 mm 厚以上的镀锌管进行包裹。

6.5.6 预埋钢绞线吊环应按两肢截面计算，钢绞线端部应布设钢丝网进行加强，钢绞线吊环的弯曲半径不应小于 80 mm。

6.5.7 预埋吊耳耳板与钢板宜采用焊接，焊接应符合现行国家标准《钢结构焊接规范》GB 50661 的相关规定。锚固钢筋与钢板宜采用螺栓锚固可靠连接。

6.5.8 预埋吊耳的预埋锚固钢筋的锚固长度应符合现行行业标准《公路钢筋混凝土及预应力混凝土桥涵设计规范》JTG 3362 的相关规定。锚固螺栓轴向抗拉承载力、吊耳的抗剪承载力及焊缝强度应按现行国家标准《钢结构设计标准》GB 50017 进行验算。

6.5.9 当预制构件采用预留吊装孔时，吊孔周边的钢筋应进行加密。

7 预制构件制作与运输

7.1 一般规定

7.1.1 预制构件生产应符合生产操作规程，并做好质量检验记录。

7.1.2 预制构件宜在工厂(场)生产制作。预制构件的质量检验应按模具、钢筋、混凝土等项目进行。当上述各检验项目的质量均合格时，方可评定为合格产品。

7.1.3 预制构件检验合格后，应出具出厂合格证明，合格证明内容应包含混凝土强度等级、保护层厚度、隐蔽检测记录等。

7.1.4 预制构件在移动、运输、堆放、吊装时，混凝土的强度不应低于设计所要求的强度；设计无要求时，不应低于设计强度的75%。

7.1.5 预制构件的运输及安装设备应满足节段重量、运输条件、安装工艺等要求。

7.2 模 具

7.2.1 预制构件的生产应根据生产工艺、产品类型等制定模具方案，建立健全模具验收、使用制度。

7.2.2 模具的部件设计应符合现行国家标准《钢结构设计标准》GB 50017和《冷弯薄壁型钢结构技术规范》GB 50018的规定，截面塑性发展系数应取1.0；组合钢模具的设计应符合现行国家标准《组合钢模板技术规范》GB/T 50214的相关规定。

7.2.3 预制构件宜采用钢模制作，模具应具有足够的强度、刚度和整体稳固性，并应符合下列规定：

1　模具应装拆方便，并应满足预制构件质量、生产工艺和周转次数等要求。

2　结构造型复杂、外型有特殊要求的模具应制作样板，经检验合格后方可批量制作。

3　模具各部件之间应连接牢固，接缝应紧密，附带的埋件或工装应定位准确、安装牢固。

4　用作底模的台座、胎模、地坪及铺设的底板等应平整光洁，不得有下沉、裂缝、起砂和起鼓。

5　模具应保持清洁，涂刷脱模剂、表面缓凝剂时应均匀、无漏刷、无堆积，且不得沾污钢筋，不得影响挡土墙外观效果。

6　应定期检查侧模、预埋件和预留孔洞定位措施的有效性，应采取防止模具变形和锈蚀的措施，重新启用的模具应检验合格后方可使用。

7　模具与平模台间的螺栓、定位销、磁盒等固定方式应可靠，防止混凝土振捣成型时造成模具偏移和漏浆。

7.2.4　模具尺寸偏差和检验方法应符合表 7.2.4 的规定。

表 7.2.4　模具尺寸允许偏差和检验方法

项次	检验项目、内容	允许偏差(mm)	检验方法
1	两块模具之间的拼缝宽度	≤1.0	塞尺检查
2	相邻模具面的高低差	≤1.0	钢尺检查
3	组装模具面的平整度	≤2.0	2 m 靠尺和塞尺检查
4	组装模具内模的长、宽尺寸	≤±2.0	钢尺检查
5	组装模具内外模间净空尺寸	≤±2.0	直角尺检查
6	组装模具两对角线长度互差	≤3.0	钢尺检查
7	组装模具有效浇筑节段长度	≤±5.0	钢尺检查
8	组装模具外模倾斜尺寸	≤2.0	线坠及钢尺检查

7.3 成型、养护及脱模

7.3.1 预制构件的钢筋骨架制作应符合下列规定：

1 钢筋骨架宜在具有定位功能的胎架上进行制作。

2 钢筋骨架制作前应对钢筋的规格尺寸、数量、外观质量等进行检查。

3 钢筋骨架安装时，应合理安排施焊顺序，保证焊接后的钢筋线形平顺、位置准确。

4 混凝土保护层垫块的强度等级不应低于混凝土主体等级，保护层垫块宜与钢筋骨架绑扎牢固，按梅花状布置，间距应满足钢筋限位及控制变形要求，钢筋绑扎丝甩扣应弯向构件内侧。

5 预埋件、吊环及预留孔洞等的型号、数量及位置等应符合设计要求。

6 钢筋骨架宜采用防止骨架变形的专用吊具进行吊运。

7.3.2 浇筑混凝土前应进行钢筋的隐蔽工程检查。

7.3.3 混凝土应采用有自动计量装置的强制式搅拌机搅拌。混凝土应按照混凝土配合比通知单进行生产，原材料每盘称量的允许偏差应符合表 7.3.3 的规定。

表 7.3.3 混凝土原材料每盘称量的允许偏差

项次	材料名称	允许偏差
1	胶凝材料	±2%
2	粗、细骨料	±3%
3	水、外加剂	±1%

7.3.4 混凝土应进行抗压强度检验，并应符合下列规定：

1 混凝土检验试件应在构件制作场地取样制作。

2 每拌制 100 盘且不超过 100 m^3 的同一配合比混凝土，或每工作班拌制的同一配合比的混凝土不足 100 盘时，应作为一批次进行检验。

3 每批强度检验试块不少于 3 组，随机抽取 1 组进行同条件标准养护后进行强度检验，其余可作为同条件试件在预制构件脱模和出厂时控制其混凝土强度。

4 加热养护的预制构件，其强度评定混凝土试块应随同构件养护后，再转入标准条件养护。

7.3.5 混凝土浇筑应符合下列规定：

1 混凝土浇筑前，预埋件及预留钢筋的外露部分宜采取防止污染的措施。

2 混凝土浇筑应连续进行，混凝土的运输、浇筑及间歇的全部时间不应超过混凝土的初凝时间。

3 混凝土应按一定的厚度、顺序和方向分层浇筑，且应在下层混凝土初凝前浇筑完成上层混凝土。

7.3.6 混凝土振捣应符合下列规定：

1 混凝土宜采用机械振捣方式成型。

2 当采用振捣棒时，混凝土振捣过程中不应碰触钢筋骨架和预埋件。

3 混凝土振捣过程中应随时检查模具有无漏浆、变形或预埋件有无移位等现象。

7.3.7 预制构件养护及脱模应符合下列规定：

1 应根据预制构件的特点和生产任务量选择自然养护或加热养护方式，加热养护宜选择蒸汽加热。

2 预制构件采用自然养护时，应符合现行国家标准《混凝土结构工程施工规范》GB 50666 的要求。

3 采用加热养护时，应通过试验确定，并对静停、升温、恒温、降温时间进行控制，宜在常温下静停 2 h～6 h，升温、降温速度不应超过 20 ℃/h，最高养护温度不宜超过 70 ℃，预制构件脱模时的表面温度与环境温度的差值不宜超过 25 ℃。

4 预制构件脱模起吊时，同条件养护混凝土立方体试块抗压强度应满足设计要求。

7.4 运输与堆放

7.4.1 应制定预制构件的运输与堆放方案,其内容应包括运输线路、运输时间、运输顺序、堆放场地及成品保护措施等。

7.4.2 预制构件的运输车辆应满足构件尺寸和载重要求,装卸与运输时应符合下列规定:

1 装卸构件时,应采取保证车体平衡的措施。

2 运输构件时,应采取防止构件移动、倾倒、变形等的固定措施。

3 运输构件时,应采取防止构件损坏的措施;对构件边角部或链索接触处的混凝土,宜设置保护衬垫。

4 当采用靠放架运输构件时,靠放架应具有足够的承载力和刚度,与地面倾斜角度宜大于 80°。

5 当采用插放架运输构件时,宜采取直立运输方式,插放架应具有足够的承载力和刚度,并应支垫稳固。

6 采用叠层平放的方式运输构件时,应采取防止构件产生裂缝的措施。

7 预制构件在运输时,应对外立面进行加强防护,防止破损及污染。

7.4.3 预制构件堆放应符合下列规定:

1 堆放场地应平整、坚实,并应有排水措施。

2 构件吊离预制台座移至堆场后应及时进行养护。

3 构件存放宜采用枕木、橡胶板等弹性支撑物支承,支点位置应符合设计要求。

4 当采用叠层平放方式堆放构件时,每层构件间的垫块应上下对齐,堆放层数应根据构件、垫块的承载力确定,并应采取防止构件产生裂缝以及防止堆垛倾覆的措施。

5 当采用靠放架或插放架堆放构件时,靠放架或插放架应具有足够的承载力和刚度,并应采取防倾覆措施。

8 安　装

8.1 一般规定

8.1.1 施工前应制定现场安装的测量方案，并建立满足安装精度要求的施工测量控制网。

8.1.2 应根据挡土墙埋深，按先深后浅、先下后上的顺序施工。

8.1.3 未经设计允许不得对预制构件进行切割、开洞，并应根据设计要求对预留孔洞进行加强与防水处理。

8.1.4 在施工过程中，应采取防止预制构件、预埋件损伤或污染的保护措施。

8.1.5 预制构件现场堆放除应符合本标准相关规定外，尚应按吊装顺序和型号分类堆放，构件堆放区宜布置在起重机械作业半径内且不受其他工序施工作业影响的区域。

8.1.6 应根据预制装配式悬臂挡土墙施工的特点，对施工人员进行专项培训和安全教育，并应配备必要的安全防护用品和用具。

8.2 安装准备

8.2.1 安装施工前，应进行测量放线、设置构件安装定位标识和辅助调节坐浆层厚度的垫块。

8.2.2 垫层经验收合格后方可进行预制装配式悬臂挡土墙的安装。

8.2.3 预制构件进入现场后应进行质量检查。

8.2.4 安装前，施工、监理单位应对专项施工方案中的人员、材料、机械设备到场情况及吊装区域地基处理情况进行严格复核。

8.2.5 预制构件的吊装应按专项施工方案的要求进行。吊装前,应检查吊装设备及吊具,并核实现场环境、天气、道路状况是否满足吊装施工要求。

8.3 安装与连接

8.3.1 预制装配式悬臂挡土墙施工宜按以下流程进行:

1 承插式挡土墙:施工准备→预制底板安装→铺设砂浆垫层→预制立壁安装→承插口灌浆→墙背回填→压顶、栏杆等施工。

2 栓接式挡土墙:施工准备→预制底板安装→铺设砂浆垫层→预制立壁安装→预埋钢管灌浆→螺栓安装→构件纵向连接→墙背回填→压顶、护栏等施工。

3 组合式挡土墙:施工准备→预制底板安装→铺设砂浆垫层→预制立壁安装→承插口灌浆→预埋钢管灌浆→螺栓安装→构件纵向连接→墙背回填→压顶、护栏等施工。

8.3.2 预制构件吊装应符合下列规定:

1 预制构件应按施工方案的要求吊装,绳索与构件水平面之间夹角设置以不产生较大的水平分力为宜,一般控制在45°～60°范围,否则应采用专用吊架实施吊装。

2 预制构件吊装应采用慢起、快升、缓放的操作方式。

3 预制构件吊装过程不应偏斜和大幅摆动,严禁吊装构件长时间悬挂在空中。

4 预制构件吊装时,构件上应设置缆风绳控制构件转动,保证构件就位平稳。

5 预制构件翻转过程应做好混凝土保护措施,采取布卷、木方等柔性无污染搁垫物,不宜使用橡胶制品。

6 吊运预制构件时,下方严禁站人。待吊物降落至离地1 m

以内，人员方可靠近。就位固定后，方可脱钩。

7 预制构件吊装就位后，应及时校准。

8.3.3 预制构件就位校核与调整应符合下列规定：

1 预制构件就位宜以挡土墙边线为控制线。

2 预制底板安装后，应对安装位置、安装标高以及与相邻底板间的顶面高差、间隙进行校核与调整。

3 预制立壁安装后，应对安装位置、安装标高、垂直度、构件连接节点的相对位置以及与相邻立壁间的间隙进行校核与调整。

8.3.4 预制底板应与垫层密贴，底板安装后应平整稳固。

8.3.5 预制立壁安装应符合下列规定：

1 立壁与底板拼装前应进行预拼装，保证预制构件准确就位。

2 拼装前预制构件拼接面应充分润湿，表面不得有积水、浮浆、油污、粉尘及其他杂物。

3 预制底板上应布置调节垫块，砂浆垫层铺设厚度应大于垫块高度，调节垫块材质和强度应符合设计要求。

4 预制立壁吊装应及时采取临时固定措施，临时固定措施应符合施工方案的要求。

5 立壁安装应位置准确、直顺、与相邻板板面平齐，板缝与变形缝一致。

8.3.6 连接缝隙处的填充材料施工应符合现行国家标准《水泥基灌浆材料应用技术规范》GB/T 50448 的相关规定；应选择合适的填充工艺使连接缝隙处浆液饱满密实。

8.3.7 螺栓连接施工除应符合现行国家标准《钢结构工程施工规范》GB 50755 的相关规定外，螺栓连接处还应根据设计进行防腐处理和封闭。

8.3.8 预留钢件焊接连接的施工应符合现行国家标准《钢结构焊接规范》GB 50661、《钢结构工程施工规范》GB 50755 和《钢结构工程施工质量验收标准》GB 50205 的相关规定。

8.3.9 后浇混凝土的施工应符合现行国家标准《装配式混凝土建筑技术标准》GB/T 51231 的有关规定。

8.3.10 沉降缝、伸缩缝的位置、尺寸和数量应满足设计要求;沉降缝及伸缩缝应竖直、贯通,且应采用弹性材料填充密实,填充深度应满足设计要求。

8.3.11 预制装配式挡土墙连接材料强度应满足设计要求后方可填土。墙前、墙后填土应同时分层填筑,做到平整、密实;距墙背 0.5 m~1.0 m 范围内,不得使用重型振动压路机碾压;反滤层的材料、铺设范围应满足设计要求。

9　质量检验及验收

9.1　一般规定

9.1.1　质量检验应包括材料检验和施工过程中的质量管理。预制构件浇筑前应进行隐蔽工程质量检验。隐蔽工程质量检验应包括下列主要内容：

1　钢筋的牌号、规格、数量、位置、间距，箍筋弯钩的弯折角度及平直段长度。

2　钢筋的连接方式、接头位置、接头数量、接头面积百分比率、搭接长度、锚固方式及锚固长度。

3　钢筋的混凝土保护层厚度。

4　预埋件、预留孔洞的规格、数量、位置。

9.1.2　外观质量应符合现行国家标准《混凝土结构工程施工质量验收规范》GB 50204 关于现浇混凝土结构的相关规定。结构外观如有缺陷或损伤，应按相关规定进行修整后，方能进行验收。

9.1.3　预制构件的质量验收除应符合现行国家标准《混凝土结构工程施工质量验收规范》GB 50204 的相关规定外，还应提供下列文件和记录：

1　预制构件、主要材料及配件的质量证明文件、进场验收记录、抽样复验报告。

2　预制构件安装施工记录。

3　后浇混凝土、灌浆料、坐浆材料强度检测报告。

4　重大问题的处理方案和验收记录。

5　装配式工程的其他文件和记录。

9.1.4　其他构配件进场质量验收应符合现行相关标准的规定。

9.2 主控项目

9.2.1 预制构件的质量应符合本标准、国家现行有关标准的规定和设计要求。

检查数量:全数检查。

检验方法:检查质量证明文件或质量验收记录。

9.2.2 预制构件的预埋件、插筋、预留孔的规格、数量应符合设计要求。

检查数量:全数检查。

检验方法:观察。

9.2.3 后浇混凝土强度应符合设计要求。

检查数量:按批检验。

检验方法:按现行国家标准《混凝土强度检验评定标准》GB/T 50107 的要求进行。

9.2.4 承插口缝隙处、连接螺杆与插入孔洞空隙处浆料应密实饱满。

检查数量:全数检查。

检验方法:观察及用浆量对比法检查判断,检查施工质量记录。

9.2.5 螺栓的材质、规格、拧紧力矩应符合设计要求及现行国家标准《钢结构设计标准》GB 50017 和《钢结构工程施工质量验收标准》GB 50205 的相关规定。

检查数量:全数检查。

检验方法:按现行国家标准《钢结构工程施工质量验收标准》GB 50205 的要求进行。

9.2.6 坐浆料强度应满足设计要求。

检查数量:按批检验。

检验方法:检查坐浆料强度试验报告及评定记录。

9.2.7 钢筋采用焊接连接时,其焊接质量应符合现行行业标准《钢筋焊接及验收规程》JGJ 18 的相关规定。

检查数量:按现行行业标准《钢筋焊接及验收规程》JGJ 18 的规定确定。

检验方法:检查钢筋焊接施工记录及平行加工试件的强度试验报告。

9.3 一般项目

9.3.1 预制构件其外观质量不应有表 9.3.1 所列之严重缺陷,且不宜有表 9.3.1 所列之一般缺陷。对已出现的一般缺陷,应按技术方案进行处理,并应重新检验。

检查数量:全数检查。

检验方法:观察,检查处理记录。

表 9.3.1 外观质量缺陷分类

名称	现象	严重缺陷	一般缺陷
露筋	构件内钢筋未被混凝土包裹而外露	纵向受力钢筋有露筋	其他钢筋有少量露筋
蜂窝	混凝土表面缺少水泥砂浆而形成石子外露	构件主要受力部位有蜂窝	其他部位有少量蜂窝
孔洞	混凝土中孔穴深度和长度均超过保护层厚度	构件主要受力部位有孔洞	其他部位有少量孔洞
夹渣	混凝土中夹有杂物且深度超过保护层厚度	构件主要受力部位有夹渣	其他部位有少量夹渣
疏松	混凝土中局部不密实	构件主要受力部位有疏松	其他部位有少量疏松
裂缝	缝隙从混凝土表面延伸至混凝土内部	构件主要受力部位有影响结构性能或使用功能的裂缝	其他部位有少量不影响结构性能或使用功能的裂缝

续表9.3.1

名称	现象	严重缺陷	一般缺陷
连接部位缺陷	构件连接处混凝土缺陷及连接钢筋、连接件松动，插筋严重锈蚀、弯曲	连接部位有影响结构传力性能的缺陷	连接部位有基本不影响结构传力性能的缺陷
外形缺陷	缺棱掉角、棱角不直、翘曲不平、飞边凸肋等，装饰面砖粘结不牢、表面不平、砖缝不顺直等	有影响使用功能的外形缺陷	有不影响使用功能的外形缺陷
外表缺陷	构件表面麻面、掉皮、起砂、沾污等	有影响使用功能的外表缺陷	有不影响使用功能的外表缺陷

9.3.2 预制构件的允许尺寸偏差及检验方法应符合表9.3.2的规定。

表9.3.2 预制构件尺寸允许偏差及检验方法

检查项目		规定值或允许偏差(mm)	检验方法
预制立壁表面平整度	内表面	≤5	2 m靠尺和塞尺检查
	外表面	≤3	
预制底板表面平整度	坐浆层处	≤2	2 m靠尺和塞尺检查
	其他位置	≤5	
断面尺寸	长度、宽度	≤±5	尺量检查
	高度、厚度	≤±3	
平面外变形		≤±10	拉线、钢尺量最大平面外弯曲处
翘曲		≤L/1 000	调平尺在两端测量
对角线差		≤10	钢尺量两个对角线
预留孔	中心线位置	≤5	尺量检查
	孔尺寸	≤±5	

续表9.3.2

<table>
<tr><th colspan="3">检查项目</th><th>规定值或允许偏差(mm)</th><th>检验方法</th></tr>
<tr><td rowspan="5">预埋件</td><td rowspan="2">钢板等预埋件</td><td>位置</td><td>≤5</td><td rowspan="5">尺量检查</td></tr>
<tr><td>平面高差</td><td>≤5</td></tr>
<tr><td rowspan="2">螺栓、钢筋等</td><td>位置</td><td>≤2</td></tr>
<tr><td>外露尺寸</td><td>0,+10</td></tr>
<tr><td>预埋套筒</td><td>位置</td><td>≤2</td></tr>
</table>

注:1 L 为构件最长边的长度,单位为 mm。
2 检查中心线、螺栓和孔道位置偏差时,应沿纵横两个方向量测,并取其中偏差较大值。

9.3.3 预制装配式悬臂挡土墙施工后,预制构件位置、尺寸偏差及检验方法应符合设计要求;当设计无具体要求时,应符合表 9.3.3 的规定。预制构件与现浇结构连接部位的表面平整度应符合表 9.3.3 的规定。

检查数量:全数检查。

表 9.3.3 挡土墙位置和尺寸的允许偏差及检验方法

<table>
<tr><th colspan="2">检查项目</th><th>允许偏差(mm)</th><th>检验方法</th></tr>
<tr><td>轴线位置</td><td>侧墙</td><td>≤10</td><td>经纬仪及尺量检查</td></tr>
<tr><td rowspan="2">标高</td><td>板底面或顶面</td><td rowspan="2">≤±5</td><td rowspan="2">水准仪或拉线、尺量检查</td></tr>
<tr><td>墙顶</td></tr>
<tr><td colspan="2">垂直度</td><td>≤5</td><td>经纬仪或吊线、尺量检查</td></tr>
<tr><td rowspan="2">相邻构件平整度</td><td>底板</td><td>≤5</td><td rowspan="2">2 m 靠尺和塞尺量测检查</td></tr>
<tr><td>侧墙</td><td>≤5</td></tr>
<tr><td colspan="2">墙接缝宽度</td><td>≤±5</td><td>尺量检查</td></tr>
</table>

9.3.4 施工中应按设计规定施作挡土墙的排水系统、排水孔、反滤层、沉降缝和伸缩缝。

检查数量:全数检查。

检验方法:观察。

本标准用词说明

1 执行本标准条文时，对于要求严格程度不同的用词说明如下，以便在执行中区别对待。

1） 表示很严格，非这样做不可的用词：
正面词采用"必须"；
反面词采用"严禁"。

2） 表示严格，在正常情况均应这样做的用词：
正面词采用"应"；
反面词采用"不应"或"不得"。

3） 表示允许稍有选择，在条件许可时首先应这样做的用词：
正面词采用"宜"；
反面词采用"不宜"。

4） 表示有选择，在一定条件下可以这样做的用词，采用"可"。

2 标准中指定应按其他有关标准、规范执行时，写法为"应符合……的要求或规定"或"应按……执行"。

引用标准名录

1 《通用硅酸盐水泥》GB 175
2 《碳素结构钢和低合金结构钢热轧钢板和钢带》GB/T 3274
3 《预应力混凝土用钢绞线》GB/T 5224
4 《混凝土外加剂》GB 8076
5 《建设用砂》GB/T 14684
6 《建设用卵石、碎石》GB/T 14685
7 《混凝土结构设计规范》GB 50010
8 《钢结构设计标准》GB 50017
9 《冷弯薄壁型钢结构技术规范》GB 50018
10 《混凝土强度检验评定标准》GB/T 50107
11 《混凝土结构工程施工质量验收规范》GB 50204
12 《钢结构工程施工质量验收标准》GB 50205
13 《组合钢模板技术规范》GB/T 50214
14 《混凝土结构耐久性设计标准》GB/T 50476
15 《水泥基灌浆材料应用技术规范》GB/T 50448
16 《钢结构焊接规范》GB 50661
17 《混凝土结构工程施工规范》GB 50666
18 《钢结构工程施工规范》GB 50755
19 《装配式混凝土建筑技术标准》GB/T 51231
20 《钢筋焊接及验收规程》JGJ 18
21 《普通混凝土配合比设计规程》JGJ 55
22 《钢筋焊接网混凝土结构技术规程》JGJ 114

23 《公路路基设计规范》JTG D30

24 《公路交通安全设施设计细则》JTG/T D81

25 《公路钢筋混凝土及预应力混凝土桥涵设计规范》JTG 3362

上海市工程建设规范

预制装配式悬臂挡土墙技术标准

DG/TJ 08—2389—2021
J 16086—2021

条 文 说 明

2023　上海

目 次

Contents

1 总 则

1.0.1 装配式结构施工周期短、实用耐久，是本市积极推广的新技术、新工艺。近年来，本市在交通建设工程中大力推广装配式技术，预制装配式桥梁得到了大力推广。但当前道路工程中的悬臂式挡土墙以现浇方式为主，为便于推广预制装配式悬臂挡土墙，满足施工标准化和资源节约利用的要求，特组织相关单位编制了本标准。

2 术语与符号

2.1 术 语

2.1.1 预制悬臂式挡土墙包括整体式和装配式。其中,预制整体式悬臂挡土墙是在预制厂(场)一次预制成型的悬臂式挡土墙(图 1),运输至现场后进行安装,但不涉及连接(装配),其计算与现浇的悬臂式挡土墙完全一致。本标准不包含此种类型。

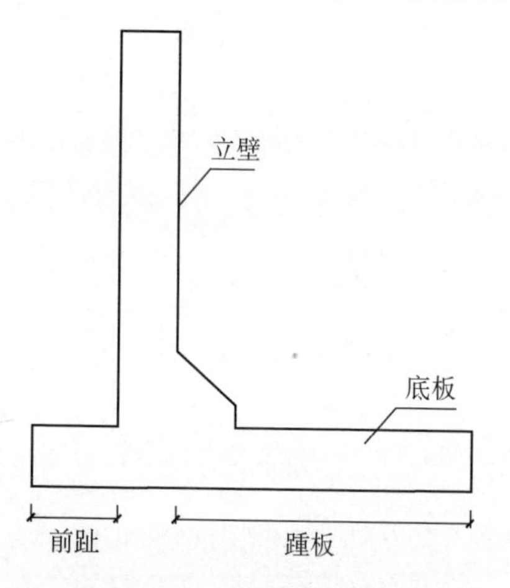

图 1 整体式悬臂挡土墙示意

预制装配式悬臂挡土墙是指在预制厂(场)生产预留吊点和预埋连接件的预制立壁和预制底板,运输至现场后,通过连接拼装成型的悬臂式挡土墙(图 2)。

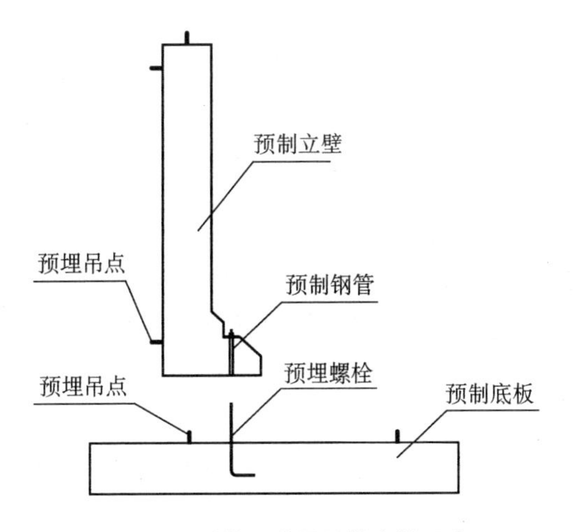

图 2 预制装配式悬臂挡土墙示意

2.1.3 承插式连接预制装配式悬臂挡土墙如图 3 所示。

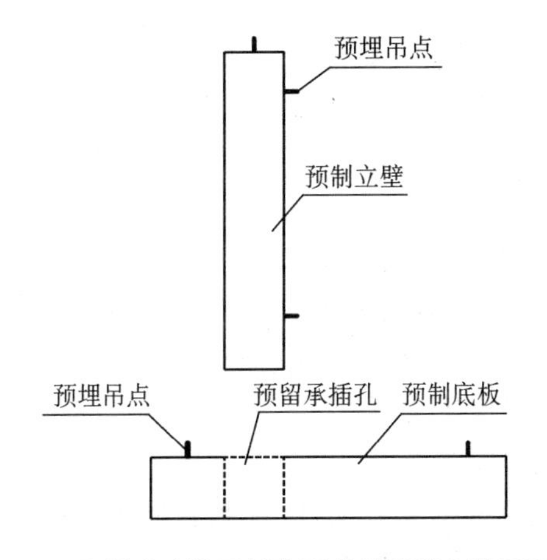

图 3 承插式连接预制装配式悬臂挡土墙示意

2.1.5 组合式连接

组合式连接方式可以是承插式和栓接式组合，如图 2 和图 3 的组合。

3 基本规定

3.0.2 慢行系统侧悬臂挡土墙设置在非机动车侧或人行道侧或其他不受车辆碰撞影响的范围，包括路侧绿化带、分隔带端部等情况。承插式连接和栓接式连接既可以独立使用，又可以组合使用。

3.0.3 根据计算分析，承插式悬臂挡土墙适用于慢行系统侧，且立壁高度不大于 3.0 m。

3.0.4 埋置深度为地面至挡土墙基础底面的距离。慢行系统侧挡土墙高度不大于 1.5 m 时，考虑慢行系统侧挡土墙受力等因素，最小埋置深度按不小于 0.8 m 考虑。

3.0.5 预制构件的尺寸应符合常规车辆运输尺寸以及运输路线上道路界限的要求，避免采用超高超宽的构件尺寸。预制构件的重量应满足常规车辆限重要求以及运输路线上桥梁等构筑物限载的要求。

3.0.7 构件预制用的钢筋笼胎架、钢筋笼定位板、预制台座、模板、吊具等机具设备，应根据具体预制工艺和精度进行专项设计。

3.0.8 施工单位应做好施工调查及现场核对，若既有管线、构筑物影响时或地形地貌与原设计不一致时，应及时与相关单位协商处理并制定相对应的措施。

施工单位应根据设计文件、预制装配式悬臂挡土墙特点、合同条件及现场情况等编制施工组织设计、施工方案，应包含预制构件制作、运输、安装方法和措施。

运输方案应根据构件尺寸、重量、运输车辆和起吊设备的类型，检查、整修沿线道路、桥梁或便道，应满足构件及设备的运输需要。

3.0.9 为了验证施工方案的可行性，在预制装配式悬臂挡土墙大规模安装前，可以先选择有代表性的节段进行预制构件试安装，然后根据试安装结果及时调整施工工艺、完善施工方案。

4 总体设计

4.2 总体布置

4.2.1 为便于预制装配式悬臂挡土墙施工，人行道或车行道边线为曲线时，应配合挡墙纵向分段情况，采用折线布置。

4.2.2 由于道路纵断面的关系，道路挡土墙的墙顶标高是不断变化的，要求挡土墙的墙高也是变化的。而为了便于预制挡土墙的生产及拼装，预制挡土墙的模板类型是相对固定的，故应将挡土墙按一定高度进行系列化。如果按照 500 mm 一档进行分级，不同高度挡土墙拼装后，墙顶之间的衔接很困难。如果按照较小高度分级，则导致挡土墙模具过多，不利于施工。故建议按照 250 mm 一档进行挡土墙墙高分级，并根据实际墙高需求选用匹配的墙高型号。预制装配式悬臂挡土墙拼装完成后，挡土墙墙顶为台阶状，并与挡土墙墙顶设计标高存在一定的差异，建议慢行系统侧预制装配式悬臂挡土墙通过现浇压顶的方式找平高差，车行道侧挡土墙通过现浇护栏方式找平高差。

4.2.4 挡土墙分段长度一般为 10 m，分段间设置沉降缝和伸缩缝。

4.3 结构构造

4.3.1 为便于预制、运输，预制立壁一般采用上、下宽度一致。

4.3.2 预制装配式悬臂挡土墙伸缩缝间距宜为 10 m，地形变化较大处或基底地质、水文情况变化处，应设置沉降缝。为方便设计和施工，挡土墙沉降缝和伸缩缝通常一并设置，不加区分，即一缝起两种作用。

5 材　料

5.3　连接材料

5.3.1,5.3.2　用于挡土墙连接的预埋螺栓、预埋钢板,宜采用后浇混凝土进行封闭处理。螺栓与预留孔洞之间缝隙,宜采用高强无收缩砂浆或灌浆料填充密封。浇筑在混凝土中并部分暴露在外的吊环、支架、紧固件、连接件等预埋件,应采取与腐蚀环境相适应的防腐措施,并宜与受力钢筋隔离。

5.4　其他材料

5.4.1　内埋式螺母、内埋式吊杆等相较于传统吊环,具有施工便捷、避免外露金属件等优点,目前在装配式混凝土结构中应用广泛,但内埋式螺母及内埋式吊杆目前暂无国家标准及行业标准,多按各生产厂家企业产品标准执行。内埋式吊耳其耳板及锚板宜采用Q355板制作,锚固钢筋宜采用HRB400及以上钢筋制作。

6 结构设计

6.1 一般规定

6.1.2 预制装配式悬臂挡土墙结构配筋设计与整体现浇方式一致，底板的踵板和趾板、立壁均可参照现行国家标准《建筑边坡工程技术规范》GB 50330 第12章中的悬臂式挡土墙，按悬臂构件进行计算。但对于底板与立壁的连接节点，应根据使用条件、节点类型等进行专门设计，以满足结构受力要求。

6.2 作用及作用组合

6.2.1 施加于挡土墙的作用（或荷载），按性质可分为永久作用（或荷载）、可变作用（或荷载）及偶然作用（或荷载），各类作用或荷载名称见表1。

表1 荷载分类

作用（或荷载）分类	作用（或荷载名称）
永久作用（或荷载）	挡土墙结构重力
	填土（包括基础襟边以上土）重力
	填土侧压力
	墙顶上的有效永久荷载
	墙顶与第二破裂面之间的有效荷载
	计算水位的浮力及静水压力
	预加力
	混凝土收缩及徐变
	基础变位影响

续表1

<table>
<tr><td colspan="2">作用(或荷载)分类</td><td>作用(或荷载名称)</td></tr>
<tr><td rowspan="9">可变作用(或荷载)</td><td rowspan="2">基本可变作用(或荷载)</td><td>车辆荷载引起的土侧压力</td></tr>
<tr><td>人群荷载、人群荷载引起的土侧压力</td></tr>
<tr><td rowspan="5">其他可变作用(或荷载)</td><td>水位退落时的动水压力</td></tr>
<tr><td>流水压力</td></tr>
<tr><td>波浪压力</td></tr>
<tr><td>冻胀压力和冰压力</td></tr>
<tr><td>温度影响力</td></tr>
<tr><td>施工荷载</td><td>与各类型挡土墙施工相关的临时荷载</td></tr>
<tr><td colspan="2" rowspan="3">偶然作用(或荷载)</td><td>地震作用力</td></tr>
<tr><td>滑坡、泥石流作用力</td></tr>
<tr><td>作用于墙顶护栏上的车辆碰撞力</td></tr>
</table>

6.3 预制构件设计

6.3.3 本条引用现行国家标准《混凝土结构工程施工规范》GB 50666 相关条文。预制构件从模具中分离出来,需克服构件自重及构件与模具之间的吸附力之和。混凝土与模具接触界面多处于近乎真空状态,构件混凝土凝固后在大气压力下即产生脱模吸附力。影响脱模吸附力的因素主要有脱模方式、构件形状、模具形式、脱模剂和起吊速度等。脱模吸附系数 1.5 对于一般状况可以涵盖得住。但根据美国 PCI 手册,对于一些复杂情况,如带斜槽的板、带装饰面的板,采用光滑模具,其脱模吸附系数可取 1.6～1.7。因此,对于在特殊的情况下可能需要更高的脱模吸附系数。

6.4 连接设计

6.4.1 采用承插式连接或组合式连接的预制装配式悬臂挡土墙，其承插口沿挡土墙纵向长度宜为单块挡土墙底板长度的1/2，底板上承口不宜贯通至板底。底板承口的尺寸应稍大于立壁插头尺寸，以便于施工安装，同时缝隙处应采用灌浆、坐浆等形式可靠连接。由于承插式在一定程度上会对截面强度造成降低，为保证装配式挡土墙安全可靠，故应在承口周边及插头受拉区域设置相应的补强钢筋，钢筋的直径不宜小于12 mm，间距宜通过计算分析确定。

对于车行道侧挡土墙，预制立壁应在立壁背侧设置腋角，通过底板处预留的螺栓锚固到立壁腋角处形成增强连接。预留的螺栓宜采用8.8级普通螺栓，公称直径不宜小于M24，间距宜通过整体分析确定。

6.4.2，6.4.3 慢行系统侧挡土墙宜采用预制构件分段长度与变形沉降缝相统一的布置方式，且在正常使用阶段受力相对较小，故采用平缝、凹凸榫等连接形式即可满足要求。但对于车行道侧挡土墙，在车辆碰撞等偶然作用下，对挡土墙整体性要求较高，故建议采用现浇带、后张法预应力等连接形式将挡土墙节段之间连接成整体。

当纵向挡土墙采用后浇连接时（图4），立壁与底板的水平钢筋在后浇处采用贯通处理，同时后浇段处的立壁与底板受力钢筋应按构件的钢筋进行设置，故后浇段处的性能视同预制构件本身。当采用后张法连接时，相关要求应按现行国家标准《混凝土结构设计规范》GB 50010的规定执行，同时还应建立有限元模型进行分析验证。

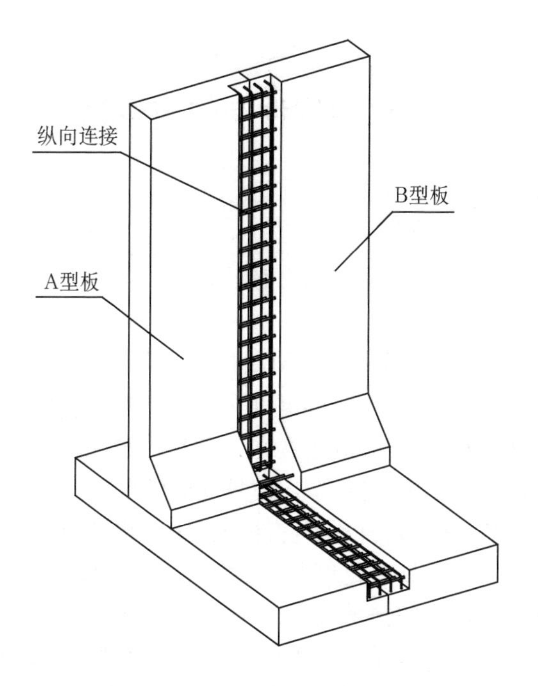

图 4　后浇带形式纵向连接示意

7 预制构件制作与运输

7.2 模 具

7.2.1 模具是专门用来生产预制构件的各种模板体系，可采用固定在生产场地的固定模具，也可采用移动模具。模具的精度直接影响构件预制精度，故应建立健全模具的验收、使用制度，日常做好模具的防护工作，避免造成模具变形或损坏。

7.2.2，7.2.3 这两条对预制构件的模具提出了技术要求。预制构件的模具除了要具有足够的强度、刚度和整体稳固性外，还需要满足预制过程中的技术要求。模具的精度是保证预制构件制作质量的关键，对于新制、改制或生产数量超过一定数量的模具，使用前应按要求进行尺寸偏差检验，合格后方可投入使用。

8 安 装

8.1 一般规定

8.1.1 在预制装配式悬臂挡土墙安装前,应制定安装定位标识方案,根据安装连接精度的精细化要求,控制合理误差。安装定位标识方案应按照一定顺序进行编制,标识点应清晰明确,定位顺序应便于查询标识。

8.1.6 在预制装配式悬臂挡土墙施工过程中,应注意构件安装的施工安全要求。为防止预制构件在安装过程中因不合理受力造成损伤、破坏或高空滑落等,须严格遵守有关施工安全规定。

8.2 安装准备

8.2.2 挡土墙垫层当采用碎石垫层时,碎石垫层的压实度应满足设计要求;当采用混凝土垫层时,其强度应满足设计要求。垫层施工时应加强平整度的控制,以满足预制构件的安装精度,垫层表面平整度允许偏差宜小于等于 10 mm。垫层应做好成品保护措施,以确保预制构件安装时垫层完好。

8.2.5 吊装施工前,应根据预制构件吊装需求匹配选择吊装设备。在正式吊装前,应再次复核吊装设备的吊装能力、吊具和吊装环境,满足安全高效的吊装要求。

8.3 安装与连接

8.3.2 本条针对预制构件的吊装施工进行了规定。其中,吊具和吊索的选择需要满足起重吊装工程的技术和安全要求。为提高施工效率，可采用多功能专用吊具，以适应不同类型的构件吊装。

8.3.5 本条对预制立壁安装的技术要求进行了规定：

1 为保证安装精度，在未坐浆的情况下尝试进行预拼装。

2 为确保坐浆密实，砂浆垫层铺设厚度需略大于垫块高度。

3 预制立壁吊装就位后，应及时设置临时固定措施，比如临时斜撑等。直至拼接面浆体强度达设计规定后，再拆除临时固定措施。

9 质量检验及验收

9.2 主控项目

9.2.2 预制构件外观质量缺陷可分为一般缺陷和严重缺陷两类。其中，严重缺陷主要是指影响构件的结构性能或安装使用功能的缺陷。构件制作时，应制订技术质量保证措施，以防止出现严重缺陷。